核电厂核事故防护知识问答

环境保护部科技标准司
环境保护部核安全司
中国环境科学学会
环境保护部核与辐射安全中心 编

中国环境科学出版社·北京

图书在版编目（CIP）数据

核电厂核事故防护知识问答 / 环境保护部科技标准司等编．—北京 ：中国环境科学出版社，2011.9

ISBN 978-7-5111-0702-2

Ⅰ．①核… Ⅱ．①环… Ⅲ．①核电厂－核防护－问题解答 ②核电厂－辐射防护－问题解答 Ⅳ．①TL73-44

中国版本图书馆 CIP 数据核字（2011）第 183814 号

责任编辑 沈 建
责任校对 尹 芳
封面设计 金 喆
版式设计 金 喆

出版发行 中国环境科学出版社
（100062 北京东城区广渠门内大街 16 号）
网　　址：http://www.cesp.cn
联系电话：010-67112765（总编室）
发行热线：010-67125803
印　　刷 北京中科印刷有限公司
经　　销 各地新华书店
版　　次 2011 年 9 月第 1 版
印　　次 2011 年 9 月第 1 次印刷
开　　本 880×1230 1/32
印　　张 3
字　　数 50 千字
定　　价 15.00 元

编 委 会

HEDIANCHANG HESHIGU FANGHU

ZHISHI WENDA

序

核能是一把“双刃剑”，它在给人类带来无穷的动力与财富的同时，也可能会给我们赖以生存的地球带来不可逆转的灾难。美国三里岛核事故、前苏联切尔诺贝利核事故在人类生活中的影响还未完全淡去，2011 年 3 月，日本大地震引发的 7 级核事故，再一次将世人的目光聚焦核电厂，一时间，核电厂的安全问题引起了国际社会的高度关注。欧盟至为关切地开始检讨核安全政策，对欧盟各国的核设施进行排查，并且计划制定更严格的核能反应堆安全标准；我国也即刻组织对正在运行的核设施进行全面安全检查，通过全面细致的安全评估，切实排查安全隐患，确保绝对安全，采用最先进的标准对所有在建核电站进行安全评估，存在隐患的要坚决整改，不符合安全标准的要立即停止建设。

国务院《全民科学素质行动计划纲要》中，明确提出要大力提升公众的科学素质，为保障和改善民生、促进经济长期平稳快速发展和社会和谐提供重要基础支撑。在日本核事故发生后，国内民众曾经一度恐慌，出现了盲目抢购食盐的闹剧，这一方面暴露出公众对核与辐射知识的匮乏，公众科学素质有待进一步提升；另一方面也暴露出我们科普工作的滞后。为此，我们以日本核事故为契机，进一步加大科普宣传力度，引导公众准确科学对待核事故对我国的影响，具有十分重要的意义。

由中国环境科学出版社出版的《核电厂核事故防护知识问答》一书，正是基于这样的时机和需求推出的。该书用通俗易懂的语言，以图文并茂的方式向公众介绍核电厂的基本知识和核事故常规防护手段，希望公众通过此书能够更进一步了解核电厂、了解核事故、了解辐射。

吴晓青

目录

第一部分　基本知识

第二部分　应急与防护

第三部分　你应该了解的常识

第一部分

基本知识

JIBENZHISHI

01

什么是放射性？

世界上的物质形形色色，各不相同，但它们都是由原子组成的。原子是由原子核和核外电子组成，原子核由质子和中子构成。有些不稳定的原子核会向外发射粒子或者射线，这些粒子或射线包括 α 粒子（也称 α 射线）、电子（也称 β 射线）和 γ 射线等。这种原子核自发的向外发射粒子或者射线的现象被称为放射性。

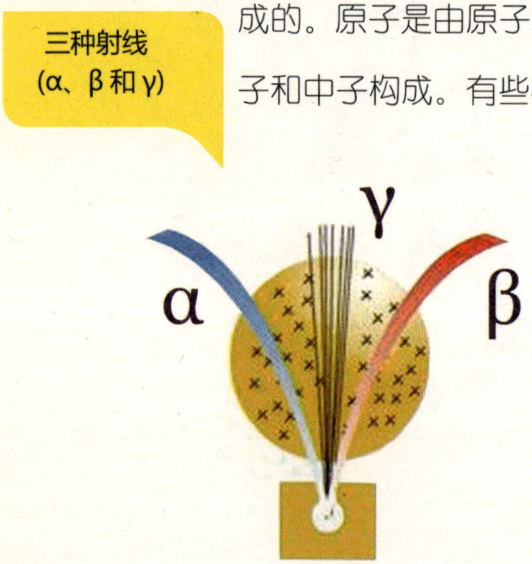

02

什么是同位素？

质子数相同，中子数不同的某种元素的各种核素在周期表中占据相同的位置，称为同位素。同位素的化学性质几乎相同，但原子质量或质量数不同，从而其物理性质有所差异。

例如，氢有三种同位素，氢 -1（普通的氢，又称为氕，其原子核中只有一个质子），氢 -2 称为氘（一个质子加一个中子），氢-3称为氚（一个质子加两个中子）。

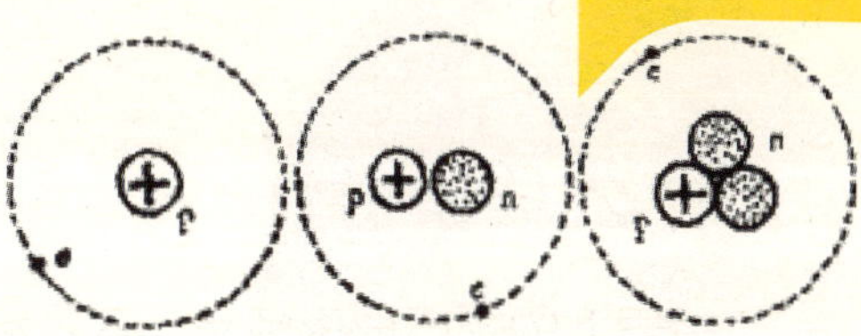

氢的同位素（从左至右氢-1、氢-2、氢-3）

03

什么是半衰期？

半衰期是指放射性原子核数衰减到原来数目的一半所需的时间，它是放射性核素的一个特征常数。半衰期不随外界条件和元素的物理、化学状态的变化而改变。不同的放射性核素具有不同的半衰期，而且差别很大，短的只有几天、几小时、几分钟，甚至不到1秒钟，长的却可达几千年、几万年，甚至是几亿年、几十亿年。

例如，碘-131的半衰期约为8天，铯-137的半衰期约为30年，钚-239的半衰期约为2.4万年，铀-238的半衰期则约为44.7亿年。

04

什么叫贝可勒尔？

放射性核素在单位时间内发生衰变的核的数目，即衰变率，称为放射性活度。放射性活度的单位叫做贝可勒尔，即每秒一次衰变，用符号Bq表示，可简称为贝可。它可以通过测量放射源一定时间内放射出的射线的数目来决定。

贝可勒尔 (Becquerel, Bq) 是放射性活度的国际单位，是以法国物理学家安东尼·亨利·贝可勒尔（Antoine Henri Becquerel，1852—1908）的名字命名的。

放射性物质的多少并不表示放射性的强弱，只有放射性活度的大小才能表示该物质放射性的强弱，活度越大表示放射性越强。

05

什么叫戈瑞?

戈瑞是辐射剂量单位，是吸收剂量等的国际单位制（SI）单位专用名称，用符号 Gy 表示，可简称为戈。

1 戈[瑞]=1 焦[耳]/ 千克

吸收剂量的物理含义是指：当辐射与物质相互作用时，被辐射物质吸收辐射能量的多少。它是辐射防护中最基本的剂量学概念，适用于任何类型的电离辐射、任何被辐射照射的物质，适用于内、外照射。其定义是：被单位质量物质吸收的任何可导致电离辐射的平均能量。

06

什么叫希沃特?

希沃特是辐射剂量单位，是当量剂量、有效剂量等的国际单位制（SI）单位专用名称，用符号 Sv 表示，可简称为希。

1 希 [沃特]=1 焦 [耳]/ 千克

当量剂量用来描述人体受到辐射照射时的危害程度，可以反映不同种类、不同能力以及不同照射条件所导致的生物效应的差异。其定义是：辐射在人体器官或组织内产生的平均吸收剂量与辐射权重因子的乘积。当量剂量的曾用单位是雷姆。

有效剂量是从当量剂量导出的，它是人体各组织或器官的当量剂量乘以相应的组织权重因子后的和，也就是说，它是身体各组织或器官的双重加权的吸收剂量之和。它可以用来对不同照射情景进行定量的比较，但不能用来对辐射照射导致的生物效应或辐射危险度进行直接的评价。

07

辐射有哪些类型?

我们所说的辐射是以辐射与物质相互作用为基础，可以使物质引起电离，所以又称为电离辐射。按照辐射粒子能否引起传播介质的电离，把辐射分为两大类：电离辐射和非电离辐射。

08

什么是电离辐射？

原子由于失去电子或获得电子而成为离子的过程称为电离。在辐射防护领域，电离辐射是指能在生物物质中产生离子对的辐射，包括由直接或间接电离粒子或由两者混合组成的任何辐射。直接电离粒子是本身带有电荷，例如电子、α 粒子、β 射线、质子等；间接电离粒子是指非带电粒子，例如光子、中子等。

09

什么是外照射？

外照射是指体外放射源对人体的照射。β 射线、γ 射线、x 射线、中子等都能够对人体全身或某个器官产生危害。

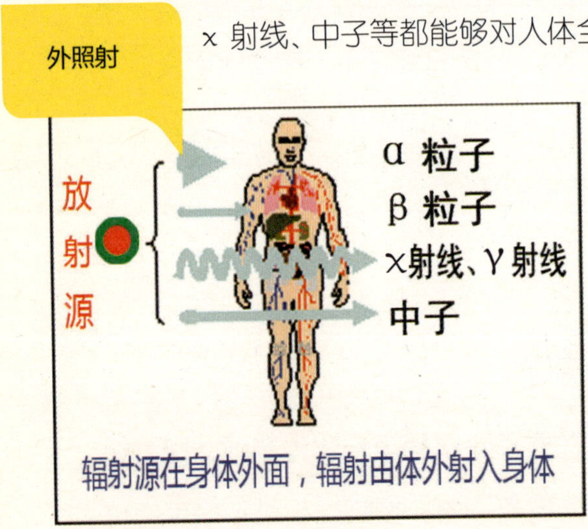

一般来说，α 射线不会导致皮肤的外照射危害。

外照射危害的大小主要取决于辐射的性质、辐射源的强度、照射时间以及与辐射源的距离。

尽量减少或避免射

线从外部对人体的照射，使人体所受照射不超过国家规定的剂量限值是外照射防护的基本原则。

10

什么是内照射？

内照射是指放射性物质进入人体内部而造成的照射。放射性核素可以经吸入、食入、皮肤或伤口进入体内，并不断地随排出体外以及放射性衰变而减少。

内照射的危害程度主要取决于进入体内放射性核素的吸收情况和分布部位，以及体内排出的方法和速度。

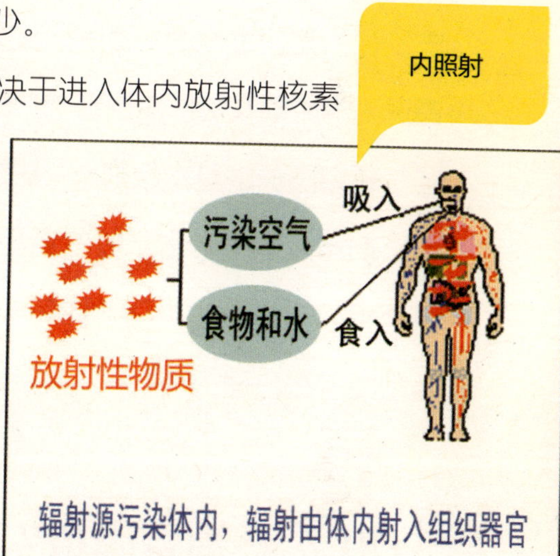

辐射源污染体内，辐射由体内射入组织器官

内照射在时间上是持续的，要特别注意防护那些半衰期长、排出体外慢和毒性大的放射性核素，尤其要注意防护发射 α 射线的核素。

11

什么是辐射防护？

辐射防护又称辐射安全，是防止辐射对人类和非人类物种产生有害作用的应用性科学技术，主要包括辐射防护原则与目

标、辐射防护方法、辐射监测技术、辐射防护评价和辐射事故应急。

辐射防护原则和目标是辐射防护的依据和出发点；防护方法是为了达到防护目标和执行防护原则所必须采取的措施；监测技术是检验防护方法是否达到预期目的的手段；防护评价是全面分析和研究防护设施和方法是否符合辐射防护最优化的原则及进一步改善防护的途径。

辐射防护的基本原则是：实践的正当性，辐射防护最优化，个人剂量限值。辐射防护的目标是：为保护人类和其他物种及其环境，将由于人类活动增加的和某些天然的辐射照射造成的危险控制在合理的水平。

12 什么是剂量限值？

剂量限值是指在正常情况下，为了保护个人而制定的防护水平，是不可接受的剂量范围的下限值，不是允许接受的剂量范围的上限值，是辐射防护体系的一部分，是一个主权国家在参照国际标准的基础上自行确定的数值。

确定剂量限值主要依据的是辐射产生的危害程度，剂量限值的确定不仅仅是根据对健康的影响，同时还要考虑社会因素。辐射的危害除了考虑确定性效应、癌症死亡率和对子孙后代的严重遗传效应外，还要考虑非致死性的癌症发生率及其寿命缩短的影响，以及对全部后代的严重遗传效应。

我国对公众推荐的剂量限值是：每年除天然照射外，附加的年有效剂量不超过 1 毫希沃特，即 0.001 希沃特。

13

是否超过国家标准的“公众剂量限值”就不安全？

国家标准中的“公众剂量限值”不是安全与否的界限，它们是在考虑了经济、社会等因素后，在防护上至少能达到的最低程度。标准中的“剂量限值”比确定性效应的剂量阈值低得多。

14

什么是天然放射性?

天然放射性按其来源分为陆生放射性和宇生放射性两部分。

地球生成已经 45 亿年，经历这么长的时间仍然存在于地球上的放射性物质称为陆生放射性物质，它们包括天然存在于空气、水、泥土、岩石以及食物中的放射性物质。

来自外层空间的宇宙射线，以及宇宙射线与大气层相互作用产生的次级射线和放射性核素称为宇生放射性。宇宙射线主要来自太阳系，它随海拔高度的增加而增加，在海拔一万米以上的高度上，宇宙射线对飞机机组人员及乘客产生的剂量比海平面高度大 100 倍。

放射的来源

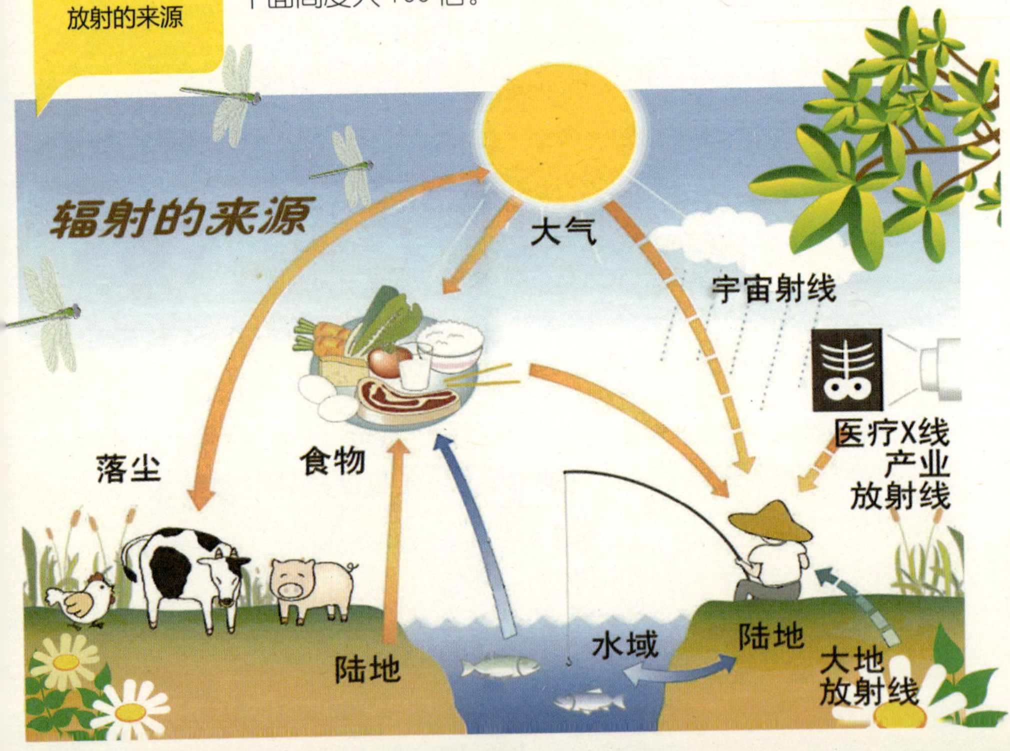

15

什么是放射性本底？

自然界本来存在的放射性物质和辐射称为放射性本底。我国公众现在所受天然辐射照射平均年有效剂量为3.1毫希沃特，高于同期世界平均值2.4毫希沃特。我国公众现在所受天然辐射照射平均年有效剂量相比20世纪90年代有所提高，主要是由于人类活动尤其是工农业活动所引起的。

公众所受天然辐射照射年有效剂量（毫希沃特）

辐射源		我国		世界
		现在	20世纪90年代	
外照射	宇宙射线			
	电离成分	0.26	0.26	0.28
	中子	0.1	0.057	0.1
	陆地 γ 辐射	0.54	0.54	0.48
内照射	氡及其短寿命子体	1.56	0.916	1.15
	钍射气及其短寿命子体	0.185	0.185	0.1
	^{40}K	0.17	0.17	0.17
	其他核素	0.315	0.17	0.12
总计		～3.1	～2.3	2.04

数据来源：《中国辐射水平》

（潘自强，刘森林等.北京：原子能出版社，2010）

以空气吸收剂量率为例，我国不同地区天然本底处于不同的范围内。

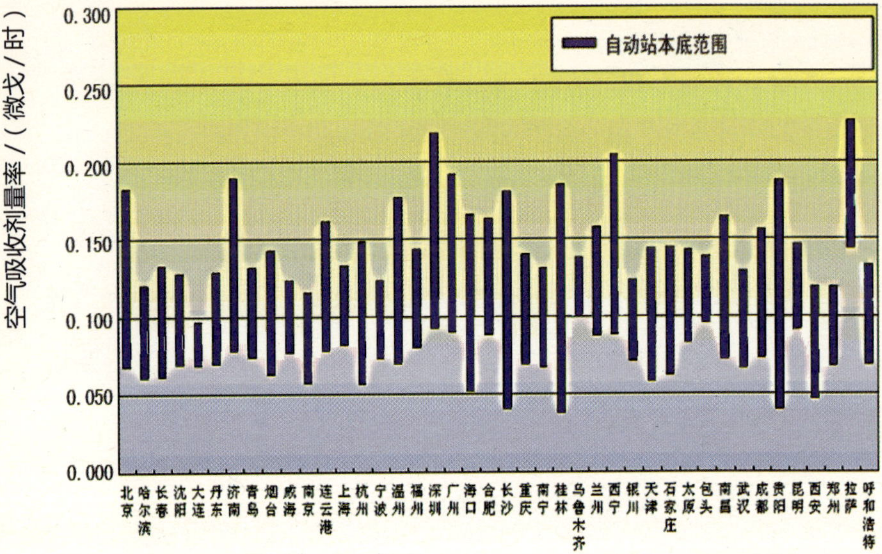

我国不同地区的天然本底值

16

天然放射性对人类的照射都有哪些？

天然放射性对人类的照射主要来自宇宙射线的外照射、陆地辐射的外照射、氡及其子体的吸入照射，以及除氡以外其他天然放射性核素的吸入或食入内照射。

人类接受的来自天然放射性的照射远远大于核能生产、利用等人为活动产生的人工放射性核素的照射，而天然放射性照射中又以氡及其子体的照射为主，占天然放射性照射的一半以上。下图是人受到来自天然放射性电离辐射的年有效剂量。

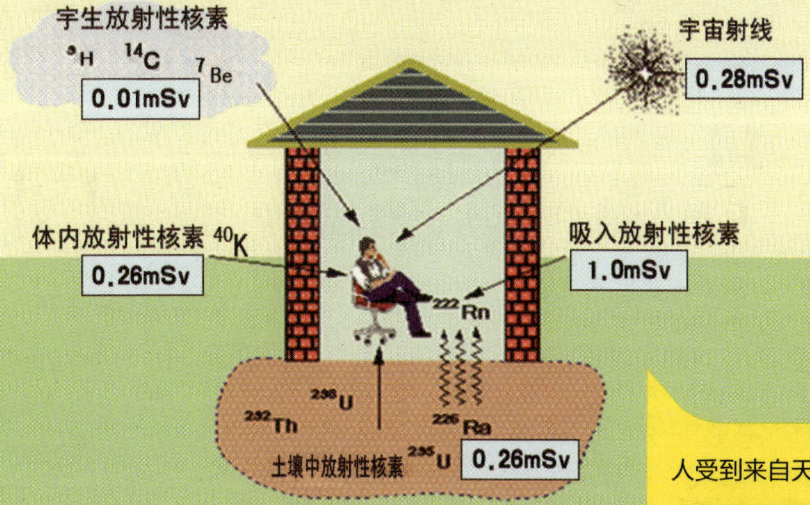

人受到来自天然放射性电离辐射的年有效剂量

17

我们身边的天然放射性是在增加吗?

随着科学技术的发展，由人类活动引起的天然放射性照射水平的升高是当前人们所广为关注的一个重要问题。这主要指由于人为活动增加了人类生活环境中的天然放射性水平。

在工农业生产中，有色冶金、稀土、钢铁、煤炭、磷酸盐、石油天然气、建材等领域的开采、加工以及产品等，都可能造成天然辐射水平的显著增高。

特别值得重视的是，使用放射性水平相对较高的建材会使室内氡水平升高，依据低水平长期照射的辐射效应理论和流行病学的调查结果，发现氡是重要的致癌因素，已经引起了广泛的关注。

18 人类的哪些活动也有辐射？

生活中，我们还会接触到各种人为辐射。例如吸入或食人的空气、食物、水；带夜光手表、乘飞机、吸烟、做X线检查等都会存在放射性。

假如除了您吃的食物外还吸烟，每年有20000千米飞机旅行。每年一次X光检查，带夜光表，看电视，参加冬季运动会，您每年均受1.4毫希辐射剂量当量。而核电站每年的辐射均为0.018毫希辐射当量。

19

什么是烟羽？

烟羽又称烟云、烟流。是从烟囱中连续排放到大气中的烟气流，因外形呈羽毛状而得名。核事故泄漏出来的放射性物质会像烟雾般随风扩散，因而被形象地称为“放射性烟羽”。

20

辐射是怎样与人体细胞作用的？

人体由细胞构成，例如皮肤细胞和血细胞。每个细胞由细胞膜（M）、细胞质（C）和细胞核（N）组成。细胞质中包含了 80% 以上的水和许多细胞器（G）。细胞核中主要是染色体，

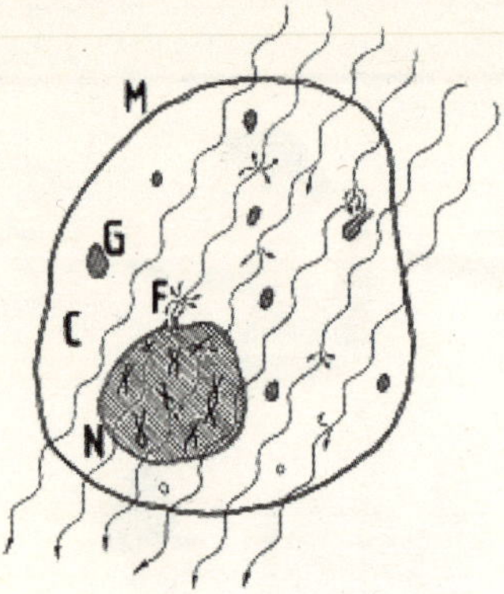

我们熟悉的基因就蕴藏在染色体中。

辐射作用于细胞时，一部分能量被细胞中的蛋白质、DNA 等物质吸收，破坏这些物质的结构和功能，还有部分能量使细胞中的水发生电离，产生叫做自由基（F）的活性基团。自由基极不稳定，很容易与细胞中包括蛋白质和 DNA 在内的其他物质发生反应，继而造成这些物质结构和功能的改变。前者叫辐射的直接作用，后者叫辐射的间接作用。

辐射对细胞的直接作用和间接作用

21

辐射会导致人体细胞的哪些损伤？

辐射被人体细胞吸收后，可引起细胞内物质特别是蛋白质和 DNA 等生物大分子发生变化。这些变化有的发生在瞬间，有的在若干年后才表现出来。

辐射引起的 DNA 损伤可导致基因突变和染色体畸变，如不能完全修复，就可能最终导致癌症。当影响到生殖细胞时，会导致遗传突变，在受照个体的后代身上表现出来。

此外，辐射还可直接破坏细胞膜和细胞器（如线粒体、溶酶体、内质网等）的分子结构，细胞内某些酶的活性也可受辐射作用而降低或丧失，从而影响细胞的正常功能状态，严重时甚至导致细胞死亡。

22 哪些因素对辐射效应有影响？

不同辐射类型产生的效应也不同。γ 射线、中子、x 射线等穿透力强的射线一般容易造成外照射急性损伤，而射程短、电离性强的 α 和 β 粒子则更容易造成内照射损伤。

不同的照射方式（如剂量率和照射途径等）对效应也有影响，一般来说，对于 β 、γ 放射性核素，当剂量率降低时，效应的发生率及其严重性也减低；相同的放射性核素，吸入比食入可能更容易造成伤害。

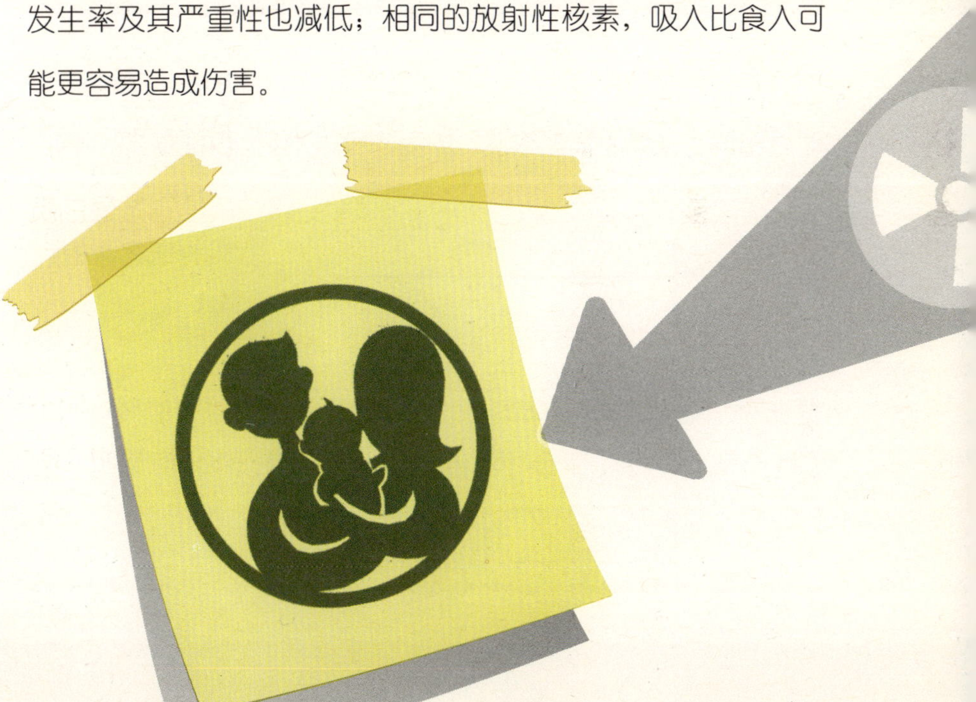

不同个体和组织器官受到辐射后的效应差异很大。胎儿、儿童和青少年对辐射的敏感性远高于成人。男性和女性因为生理方面的不同，某些放射性物质在体内的代谢及产生的效应也不同，机体中增殖力强的造血和生殖细胞等比起分化程度高的皮肤和神经细胞等更容易受辐射损伤。此外，身体和营养状况，以及一些环境因素等对辐射效应也会产生影响。

23 什么情况下不会出现辐射的确定性效应?

确定性效应是指存在剂量阈值的一种辐射效应，超过阈值时，剂量越高则效应的严重程度就越大；如果剂量低于相应阈值，就不会产生确定性效应。有些确定性效应在照射后立即或数小时后出现，也称为早期效应，如受到较大剂量照射后出现头昏、

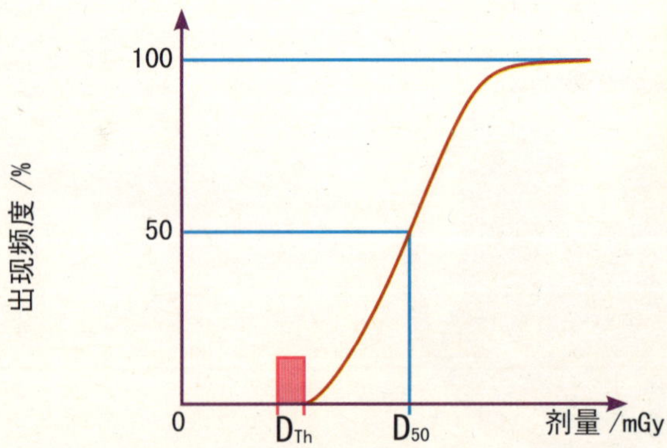

辐射引起的确定性效应

乏力、食欲减退、恶心呕吐等症状。有些确定性效应在照射后经历较长时间（一般 6 个月以上）才表现出来，也称远后效应，如白内障等。

确定性效应通常情况下需要受到较高剂量照射后才会出现，主要是辐射引起细胞死亡的结果。对人体而言，低于 100 毫希沃特一般观察不到确定性效应，多数情况下出现明显的确定性效应需要大于 1000 毫希沃特的照射剂量。

24

什么是辐射的随机性效应?

随机性效应是指发生概率（即可能性）与剂量成正比，而严重程度与剂量无关的辐射效应。随机性效应既可以出现在受照者本人，如辐射诱发癌症，也可以发生在受照者的后代，如遗传效应。一般认为，对个体而言，这种效应的发生不存在剂

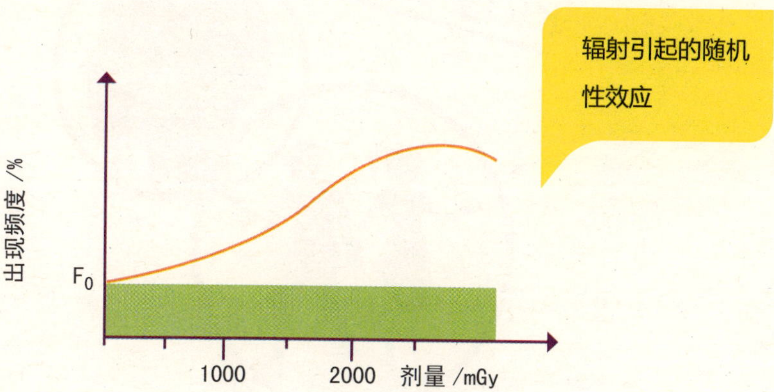

量阈值，但对群体而言，流行病学资料表明，成人受照剂量低于 50 毫希沃特的人群，没有观察到癌症发生率的增加。

25 碘 -131 污染对健康有哪些影响?

放射性碘是人工放射性核素，正常情况下自然界中不存在，主要来源于核裂变反应，其中最主要的是碘 -131。

由于碘是易挥发性物质，因此很容易通过空气扩散，即使距离事发地较远，也可能受到放射性碘的污染。

碘 -131 主要释放 β 粒子，外照射一般不会造成人体急性伤害。由于体内的碘 70% 以上集中在甲状腺内，因此，碘 -131 对人体的健康影响主要来自其进入人体后对甲状腺的辐射作用。

大剂量情况下会导致甲状腺肿、甲状腺结节或萎缩等，远期影响可能使甲状腺癌的发生率增加。

身体处于发育阶段的青少年、儿童和婴幼儿，甲状腺代谢旺盛，对碘 –131 更敏感，特别需要注意对碘 –131 的防护。

碘 –131 的半衰期较短，8 天左右辐射强度就能减少一半，因此它对人体的危害主要发生在核事故后的早期阶段。

26

铯 –137 污染对健康有哪些影响?

与放射性碘一样，放射性铯也是核裂变产物中的主要组分，其中主要的是铯 –137。

由于铯的密度较小，很容易在空气中悬浮，因此通过空气扩散是造成放射性铯污染的主要途径，即使远离事故地点的地方也能检测到放射性铯。

铯 –137 的半衰期较长，其放射性活度 30 年左右才能衰减一半，因此，铯 –137 最终会沉降到地面，造成土壤和水等的污染，并通过迁移进入生态环境。

铯 –137 是 β 粒子和

γ 射线的混合辐射体，因此有一定的外照射影响，剂量较高时可能造成人体急性伤害。铯与钠、钾同属碱金属，因此铯 –137 极容易被人体细胞吸收，且较均匀地分布于全身，特别是软组织和肌肉组织，容易受到铯 –137 的辐射影响。

27 放射性锶污染对健康有哪些影响？

放射性锶是核裂变的产物，其中主要的是锶 –89 和锶 –90。锶 –90 的半衰期为 28.1 年，锶 –89 的半衰期为 50.4 天。

锶的密度是水的 2.5 倍，事故中释放的放射性锶一般能较快地沉降到地面，因此只能在距离事故点较近的范围检测到放射性锶，不会造成较大范围和远距离的污染。

放射性锶主要释放 β 粒子，外照射一般不会造成人体急性伤害。锶与镁、钙一样都是碱土金属，因此，在体内放射性锶的吸收特点与分布规律和钙基本一致，主要沉积于骨内，增加骨骼和骨髓损伤的危险。动物实验表明，放射性锶还可能影响神经系统调节功能、心血管功能和免疫功能，但尚无确切的人类临床证据。

28

钚的传播途径和危害有哪些?

钚也是人工放射性核素，常见的有钚 –238、钚 –239 和钚 –240，其中最主要的同位素是钚 –239，半衰期约为 2.4 万年。

由于钚的密度较大，事故中释放的钚很快就会沉降到地面，因此，只能在事故点附近检测到钚，不会造成大范围和远距离的污染。

钚是典型的 α 核素，因此不存在对人体的外照射危害。通过摄入钚污染环境的食物和

水可能导致钚的内照射，进入体内的钚主要集中在肺部、骨骼等组织细胞中，增加肺癌和骨癌的风险。但迄今为止，尚无钚诱发人类癌症的确切证据和病例。

第二部分

应急与防护

YINGJIYUFANGHU

29

什么是核能？

我们知道，原子是由原子核和围绕原子核旋转的电子构成，原子核由质子和中子构成。

核能是通过原子核反应而释放出来的巨大能量。核能涉及的不是物理变化和化学变化，而是原子核变化，也就是说，在产生核能的过程中，原子核发生了变化，由一种原子变成了另外的原子。

原子与原子核

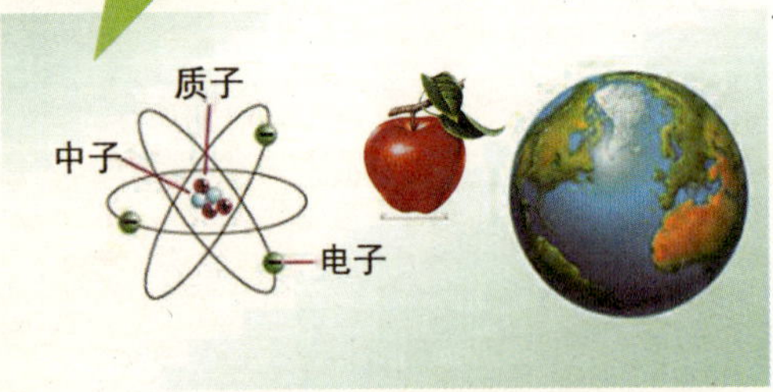

核能分为两种：一种叫裂变能；另一种叫聚变能。

30

什么是裂变能？

裂变能是通过重原子核裂变所释放出的能量。例如，一个铀-235原子核在中子的作用下生成两个较轻的原子核氙-140和锶-96，在这个过程中

裂变能示意图

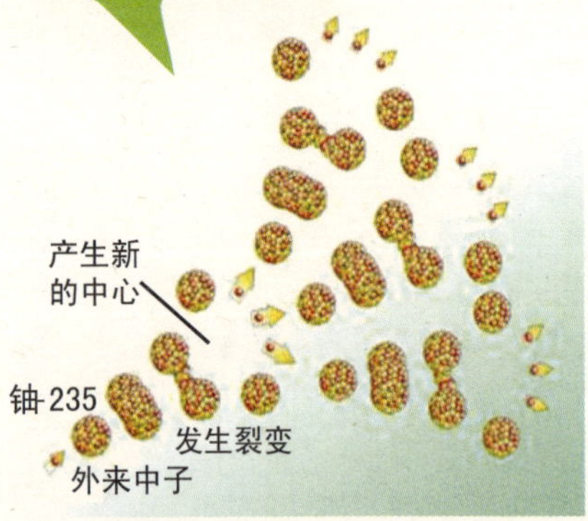

释放出的能量就是裂变能。目前，核电站（核电厂）就是利用核裂变反应产生的裂变能来发电的。

31

什么是聚变能？

聚变能是在两个氢原子核结合在一起的过程中释放出的能量。例如，氘（又叫重氢）和氚（又叫超重氢）的原子核结合在一起生成氦的过程中释放出的能量就是聚变能。利用核聚变反应产生的聚变能来生产电力，既干净又安全，因为它不会产生污染环境的放射性物质，所以是干净的；同时受控核聚变反应可在稀薄的气体中持续稳定地进行，所以是安全的。目前，利用核聚变来发电的技术还处于研发阶段，预计到21 世纪后半期，我们就可以在大都市的郊外建设核聚变发电站了。

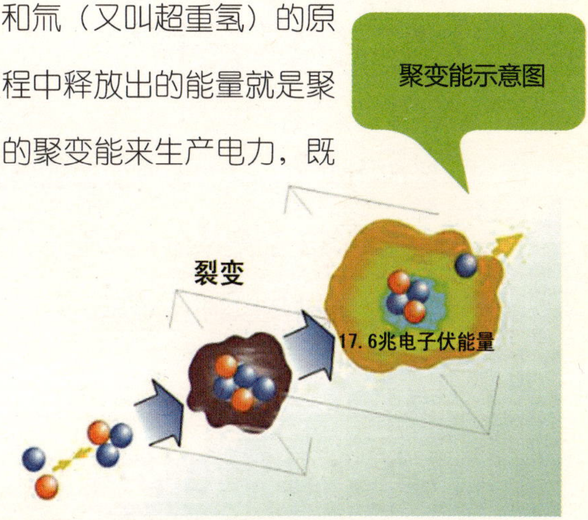

32

核反应堆的基本工作原理是什么？

目前，核电站使用的燃料是铀或钚。要想使这些核燃料释

链式裂变反应示意图

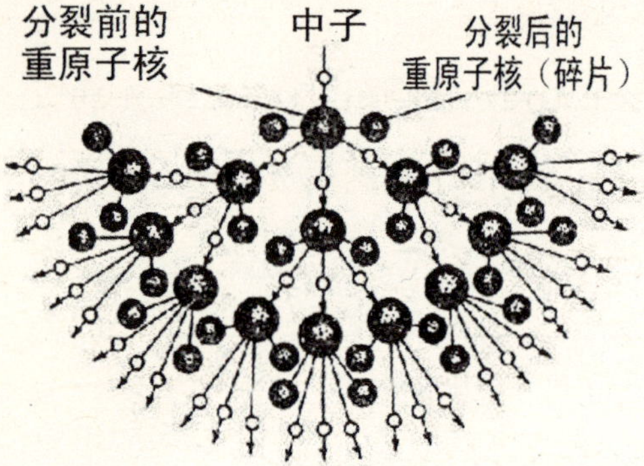

放出能量，需要用中子轰击核燃料的原子核，使之产生核裂变。在发生核裂变的时候，原子核会释放出巨大的能量，同时也释放出中子，而这些中子又会引起新的核燃料原子核发生裂变并释放出中子，从而形成所谓的链式裂变反应。核反应堆就是利用这种链式裂变反应，以受控的方式将核燃料原子核中的能量释放出来并加以利用（例如发电）的装置。

33
什么是核电站?

核电站（也称核电厂）利用核反应堆所产生的热能来发电。与火电站不同的是，核电站的燃料是铀或钚，而不是煤和天然气等化石燃料。目前世界上核电站常用的核反应堆有压水堆、沸水堆、重水堆、气冷堆以及快堆等，其中采用最广泛的是压水堆和沸水堆。

除了秦山三期核电站采用的是重水堆之外，我国目前在运行和在建的核电站都是采用压水堆。日本福岛核电站采用的是沸水堆。

图 1 和图 2 分别是压水堆和沸水堆核电站的原理示意图。

从图 1 可见，压水堆核电站有两个回路，在反应堆中通过核裂变产生的热量由一回路的冷却剂带到蒸汽发生器传热管的内侧，通过热交换将热量传递给蒸汽发生器传热

图 1 压水堆核电站原理示意图

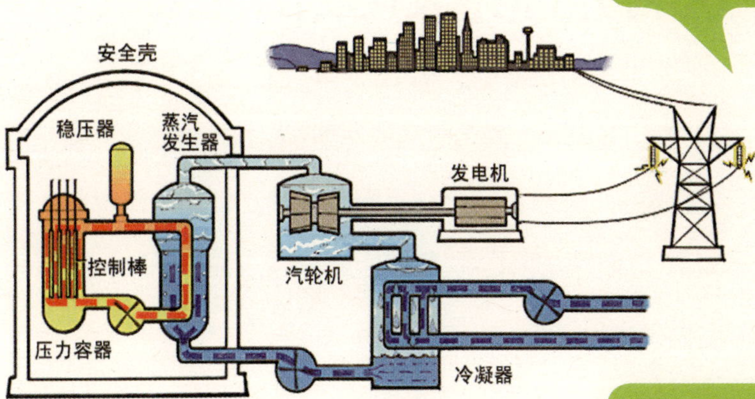

图 2 沸水堆核电站原理示意图

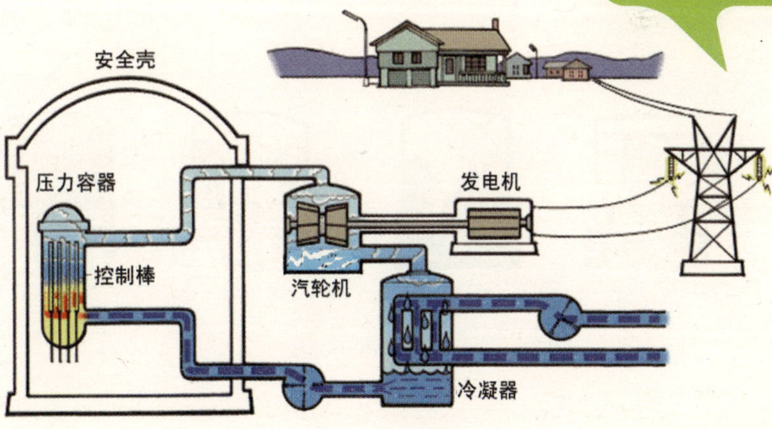

管的外侧从而产生蒸汽，而蒸汽则驱动汽轮发电机发电。

从图 2 可见，沸水堆核电站只有一个回路，即在反应堆中通过核裂变产生的热量在反应堆中产生蒸汽，然后直接输送到汽轮发电机发电。

34 不同类型的核反应堆有什么特点？

压水堆采用低浓度二氧化铀作燃料、高压水作慢化剂和冷却剂，是目前世界上最为成熟的堆型；重水堆以重水作慢化剂，可用天然铀作燃料；沸水堆采用低浓度二氧化铀作燃料，沸腾水作慢化剂和冷却剂；快堆采用钚或高浓铀作燃料，一般用液态金属钠作冷却剂，不用慢化剂。

不同类型的反应堆的特点

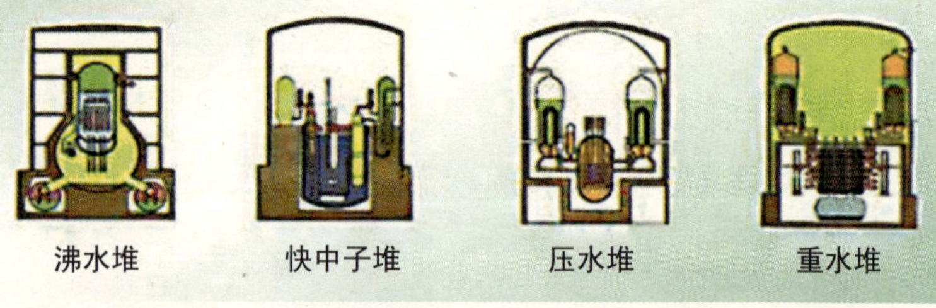

沸水堆　快中子堆　压水堆　重水堆

35

核反应堆是如何控制的?

核反应堆中核燃料原子核的裂变，是通过中子轰击引起的，没有中子的轰击，就不可能有大量原子核的裂变。因此，可以通过调节中子数量来达到调节原子核裂变的规模，从而达到调节核反应堆功率的目的。

调节中子的数量，是通过移动控制棒来实现的。控制棒由镉或碳化硼等易吸收中子的材料制成。如果将控制棒插入反应

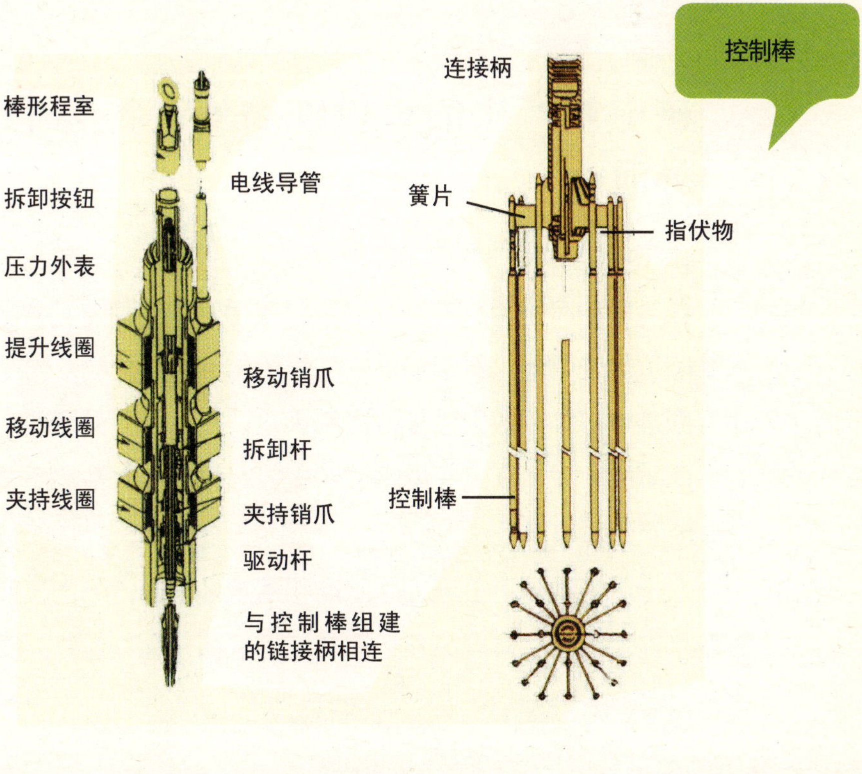

堆的核燃料内，则吸收的中子多，裂变反应的规模就会减小，反应堆功率就会下降；如果将控制棒从反应堆的核燃料区向外抽出，则吸收的中子少，裂变反应的规模就会增加，反应堆功率就会上升。当反应堆的功率上升到所要求的程度时，再适当插入控制棒，使吸收的中子数量适中，从而使反应堆的功率保持在一个稳定的水平上。

为了防止反应堆功率上升时，控制棒插不进去，导致反应堆失控，在反应堆的上部还放置有含硼液体，硼能够大量吸收中子，使反应堆的功率急剧下降，从而确保在任何情况下，都能够使反应堆安全停堆。

36 核电站产生的放射性裂变产物会不会外泄？

正常运行情况下不会外泄。

在核燃料原子核发生裂变反应释放出能量的同时，会产生大量的放射性物质，其中最主要的是放射性裂变产物。为了防止反应堆堆芯中的放射性裂变产物外泄，在工程上设置了一系列实体屏障，只有在这些屏障依次失效之后，放射性物质才可能释放到环境中。

对于目前世界上主流的压水堆和沸水堆来说，防止放射性裂变产物释放的实体屏障包括燃料结构基体、燃料包壳、反应堆冷却系统压力边界以及安全壳系统。

第 1 道屏障：二氧化铀陶瓷体燃料芯块，可以把 98% 以上的裂变物滞留在芯块内，不向外释放。

第 2 道屏障：性能良好的锆合金包壳把燃料芯块密封其内，能够经受各种运行工况考验。保证密封性良好。

第 3 道屏障：由反应堆压力容器和冷却回路构成的压力边界，保证结构的完整性。

第 4 道屏障：由安全壳把整个反应堆边界内的设备包容在内，安全壳能承受事故发生时的压力并保持良好的密封性，防止放射性物质向外泄漏。

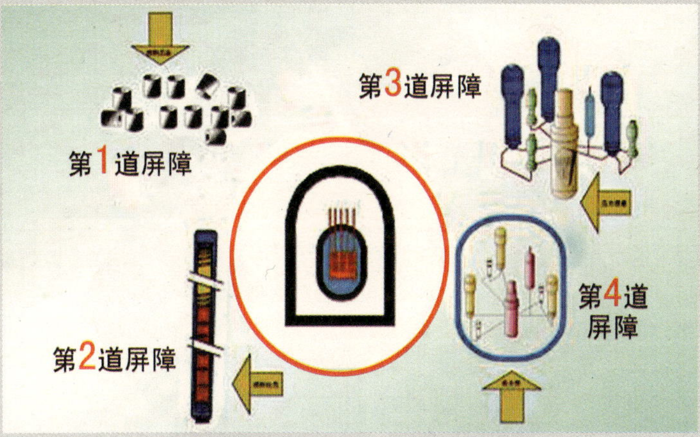

37

什么样的厂址适合建核电站？

为了确保核安全和环境保护，需要从环境对核电厂的影响以及核电厂对环境的影响两个角度评价核电厂厂址的适宜性。例如，核电厂的设计应该能够防范外部事件（如地震、海啸、洪水、龙卷风等极端气象条件和易燃易爆等危险品）对核电厂安全的潜在威胁；对于使用水作为冷却剂的反应堆而言，需要有足够的冷却水源；为了确保在事故情况下快速采取有效的应急措施保护周围居民的健康与安全，核电厂不宜建在人口密度过高的区域。同时，核电厂所在地区应有或具备建设适宜的应急撤离道路的条件。另外，还要考虑自然生态以及水资源保护等方面的问题。

我国《核动力厂环境辐射防护规定》规定，核电厂周围应设置非居住区和规划限制区。非居住区的半径不得小于 500 米，规划限制区的半径不得小于 5 千米。规划限制区内必须限制人口的机械增长，对该区域内的新建和扩建项目加以引导或限制，以保证在事故情况下能够有效地采取适当的防护措施。核电厂应尽量建在人口密度相对较低、地区平均人口密度相对较小的地点，核电厂距10万人口以上的城镇和距100万人口以上大城市，应分别保持适当的距离。

除了在沿海适宜的地方选择厂址外，我国也在内陆地区开展厂址选择工作。滨海厂址的选择方面已经积累了丰富的经验，内陆厂址的选择方面还需要深入研究一些新的问题，例如水源、生态和自然资源的保护等。

38

为什么核电站主要建在沿海地区？

核电站建在沿海地区的原因是多方面的。首先核电站需要大量的水来冷却，沿海方便取水，如果是在内陆就需要建冷却塔，

核电站与火电厂燃料比较

很多内陆的火电站也要建冷却塔，就是看到很高很大冒“白烟”的烟筒，“白烟”实际是水蒸气；其次，核电站周围 5 千米以内是限制开发的区域，主要是为了防止万一在核电站发生事故时有足够的时间疏散人群，所以核电站的位置一般都比较偏僻，可以减少移民的数量。

39

为什么说核电是清洁能源？

化石能源（煤、石油和天然气等）的生成需要亿万年，人类大规模地开采利用使之日趋枯竭，人类必须寻找新能源以满足日益增加的能源需求，核能正是这样一种新兴能源。

火力发电厂在燃烧燃料时产生大量的灰尘，排放大量的二氧化碳、一氧化碳、二氧化硫、氮氧化物、汞等有毒有害物质。

二氧化碳是温室效应的元凶，二氧化硫、氮氧化物是造成酸雨的主要原因。就清洁性而言，核电对环境的影响是很小的，核电生产不会产生影响空气的二氧化硫、氮氧化物和颗粒物等污染物，没有二氧化碳等污染气体排放，与火电站相比，更有利于保护环境。

据世界上有核电站国家的统计资料表明，虽然核电站投资成本高于燃煤电厂，但是由于核燃料成本显著低于燃煤成本，且燃料是长期起作用的因素，使得目前核电站的总发电成本低于燃煤电厂，这也说明，核电是一种高效、经济的能源。

核能的利用减少了化石能源的消耗，且具备大规模发展的技术和经济基础。积极发展核能在缓解温室效应、满足人类能源需求的同时，也是保护生态环境的有效途径，已经成为国际上的普遍共识。

40
世界核电站发展概况

核电站在 20 世纪 50 年代起步，60 年代技术趋于成熟，70 年代大发展，80 年代后欧美各国处于滞缓状态，亚洲各国继续蓬勃发展。根据国际原子能机构 2011 年 1 月公布的最新数据显示，目前全球正在运行的核电机组共 442 个，核电发电量约占全球发电总量的 16%；正在建设的核电机组 65 个。

拥有核电机组最多的国家依次为：美国 104 个、法国 58 个、日本 54 个（世界核工业联合会公布的数字为 55 个）、俄罗斯 32 个、韩国 21 个、印度 20 个、英国 19 个、加拿大 18 个、德国 17 个、乌克兰 15 个、中国 13 个。

国际原子能机构预计，到 2030 年，全球运行核电站将可能在目前基础上增加约 300 座。

世界核电站发展概况

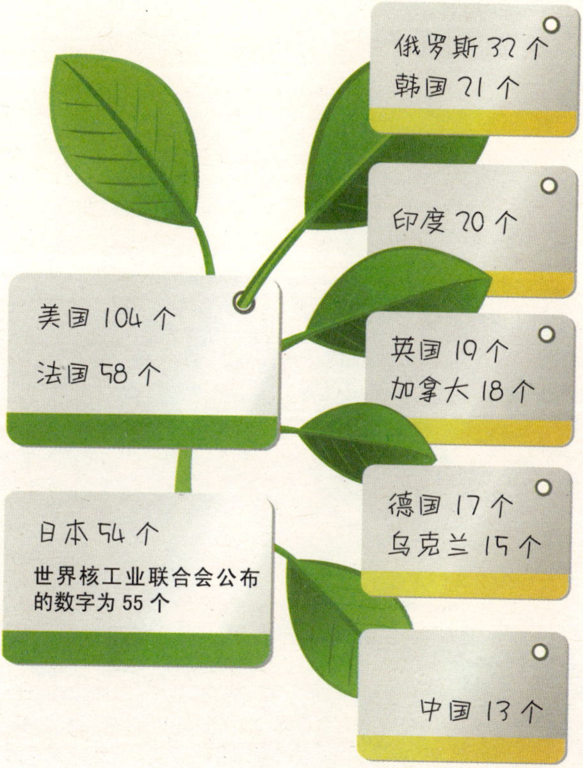

41

我国核电站发展概况

我国核电站从20世纪80年代起步，经过多年发展，已迈向持续发展阶段。现已建成投入运行的有秦山一期、秦山二期、秦山三期、大亚湾、岭澳、田湾等共计13个核电机组。2010年，我国核电发电量734亿千瓦时（度）。

目前在建的核反应堆机组有28台，分别位于广东省深圳市、广东省台山市、广东省阳江市、浙江省海盐县、浙江省三门县、海南省昌江县、福建省福清市、福建省宁德市、广西壮族自治区防城港市、山东省海阳市和辽宁省大连市。

秦山核电站

42

核安全和辐射安全的区别是什么？

一般来说，核安全和辐射安全是密切相关的，目标都是保护工作人员、公众和环境不致受到来自核设施以及核技术应用产生的辐射所带来的伤害。

如果将核安全和辐射安全分开来讲，核安全的着重点在于维持核设施的正常运行，采用纵深防御策略，预防事故发生，以及在事故情况下缓解其后果。辐射安全的着重点是保证核技术利用的安全，以及通过辐射水平的检测、辐射效应的评价、辐射防护措施和事故应急与干预，实现核设施和核技术利用的辐射防护最优化，并使辐射剂量不超过规定限值。

43

什么是核电厂核事故?

核事故是指核设施或者核活动中发生的严重偏离运行工况的状态（本书所指核事故均指核电厂发生的核事故）。在这种状态下，可能造成厂内人员受到放射损伤和放射性污染，严重时，放射性物质泄漏到厂外，污染周围环境，对公众健康造成危害。例如，1986 年前苏联切尔诺贝利核电站，由于运行人员违章操作及堆型本身设计缺陷叠加造成堆芯熔化、蒸汽和氢气爆炸，石墨燃烧厂房破坏，泄漏出大量放射性物质，造成救援人员放射损伤或放烧复合伤。

44

核事故怎样分级?

核事件是一个敏感问题，若能科学论证并制定出基本的分类标准，则有利于统一认识，以便迅速及时地向公众通报对核事件或事故的真实情况，更有利于提高公众对核能的可接受性和对核事故的处置。为此，国际原子能机构（IAEA）及经济合作与发展组织(OECD)制定了“国际核事件和放射事件分级表”，将核事件共分为 7 级，见下表（表中给出的判断依据仅仅是主要指标）。其中较低级别的 1 ～ 3 级称为事件，较高级别的 4 ～ 7

7 级 特大事故	大型核装置（如动力堆堆芯）的大部分放射性物质向外释放，典型的应包括长寿命和短寿命的放射性裂变产物的混合物（数量上，等效放射性超过 1016BqI-131）。这种释放可能有急性健康影响；在大范围地区（可能涉及一个以上国家）有慢性健康影响；有长期的环境后果。 ◆ 1966 年前苏联切尔诺贝利核电厂（现属乌克兰）事故。
6 级 重大事故	放射性物质向外释放（等效放射性超过 1015-1016BqI-131）。这种释放可能导致需要全面执行地方应急计划的防护措施，以限制严重的健康影响。 ◆ 1957 年前苏联基斯迪姆后处理装置（现属俄罗斯）事故。
5 级 具有厂外风险的事故	放射性物质向外释放（等效放射性超过 1014-1015BqI-131）。这种释放可能导致需要部分执行应急计划的防护措施，以降低健康影响的可能性。核装置严重损坏，这可能涉及动力堆的堆芯大部分严重损坏，重大临界事故或者引起在核设施内大量放射性释放的重大火灾或爆炸事件。 ◆ 1957 年英国温茨凯尔反应堆事故、1979 年美国三里岛核电厂事故。
4 级 没有明显厂外风险的事故	放射性物质向外释放，使受照射最多的厂外个人受到几毫希沃特量级剂量的照射。由于这种释放，除当地可能需要采取食品管制行动外，一般不需要厂外保护性行动。核装置明显损坏。这类事故可能包括造成重大厂内修复困难的核装置损坏。例如，动力堆的局部堆芯熔化和反应堆设施的可比拟事件。一个或多个工作人员受到很可能发生早期死亡的过量照射。 ◆ 1973 年英国温茨凯尔后处理装置事故、1980 年法国圣洛朗核电厂事故、1983 年阿根廷布宜诺斯艾利斯临界装置事故。
3 级 重大事件	放射性物质向外释放超过规定限值，使受照射最多的厂外人员受到十分之几毫希沃特量级剂量的照射。无须厂外保护性措施。导致工作人员受到足以产生急性健康影响剂量的厂内事件和（或）导致污染扩散的事件。安全系统再发生一点问题就会变成事故状态的事件，或者如果出现某些始发事件，安全系统已不能阻止事故发生的状况。
2 级 事件	安全措施明显失效，但仍具有足够纵深防御，仍能处理进一步发生的问题。导致工作人员所受剂量超过规定年剂量限值的事件和（或）导致在核设施设计未预计的区域内存在明显放射性，并要求纠正行动的事件。
1 级 异常	超出规定运行范围的异常情况，可能由于设备故障、人为差错或规程有问题引起。
0 级 偏差	安全上无重要意义。

级称为事故。0级在安全上无重要意义，即仅出现偏差但没有超出运行限值和条件，可依据适当的规程得到正确的管理。实际上0级没有包括在1～7级核事故之中。

日本福岛第一核电站事故在早期被定为4级，随后反应堆中核燃料棒出现熔化，大量放射性物质泄漏、释放，后期发展为5级、6级直至7级。

45

迄今为止，发生了哪些典型的核电站核事故？

三里岛核电站核事故

1979年发生在美国三里岛核电站2号压水堆机组事故，是

由于设备故障和人员操作失误而引发的，事故造成三分之二堆芯熔化或严重损毁，有 50% 的气态裂变产物从燃料中释放出来，但由于安全壳的良好保护作用，把放射性物质全部封在安全壳内，对公众未造成任何辐射伤害，对环境的影响也微不足道（在核电站周围 80 千米范围内，公众有效剂量的平均值为 0.015 毫希沃特）。

切尔诺贝利核电站事故

切尔诺贝利核电站事故

1986 年发生在前苏联切尔诺贝利核电站 4 号石墨堆的重大事故，是由于运行人员违章操作及这种堆型本身的设计缺陷叠加在一起造成的。事故导致堆芯熔化、蒸汽和氢气爆炸，石墨

燃烧厂房破坏，大量放射性物质逸人大气，整个北半球受到不同程度的污染。134 名核电厂职工和应急工作人员患急性放射病（其中多人伴发放射性皮肤损伤），他们当中 28 人于 1986 年死于急性放射病，另外 19 人在 20 年内陆续死亡，但死因大多与所受辐射照射无关。在白俄罗斯、乌克兰全国以及俄罗斯四个污染最重地区，受照时年龄小于 18 岁和 14 岁的人群中，1991 年至 2005 年期间分别累计发现了 6848 例和 5127 例甲状腺癌，其中 15 例已死亡。

切尔诺贝利事故后，世界各国核电站都加强了安全管理和改进了安全设计，切尔诺贝利使用的老式反应堆已不再建造。

日本福岛核电站事故

福岛核电站是目前世界上最大的核电站，由福岛一站、福

日本福岛核电站震前震后对比图

岛二站组成，共 10 台机组（一站 6 台，二站 4 台），均为沸水堆。受日本大地震影响，福岛第一核电站损毁极为严重，大量放射性物质泄漏到外部，日本内阁官房长官枝野幸男宣布第一核电站的 1 号至 6 号机组将全部永久废弃。国际原子能机构（IAEA）干事长天野之弥表示日本福岛核电厂的情势发展“非常严重”。2011 年 4 月 12 日，日本原子能安全保安院根据国际核事件和辐射事件分级表将福岛核事故定为最高级 7 级。

46

什么是核电厂的纵深防御?

核电厂的安全管理，始终遵循安全第一、质量第一、预防

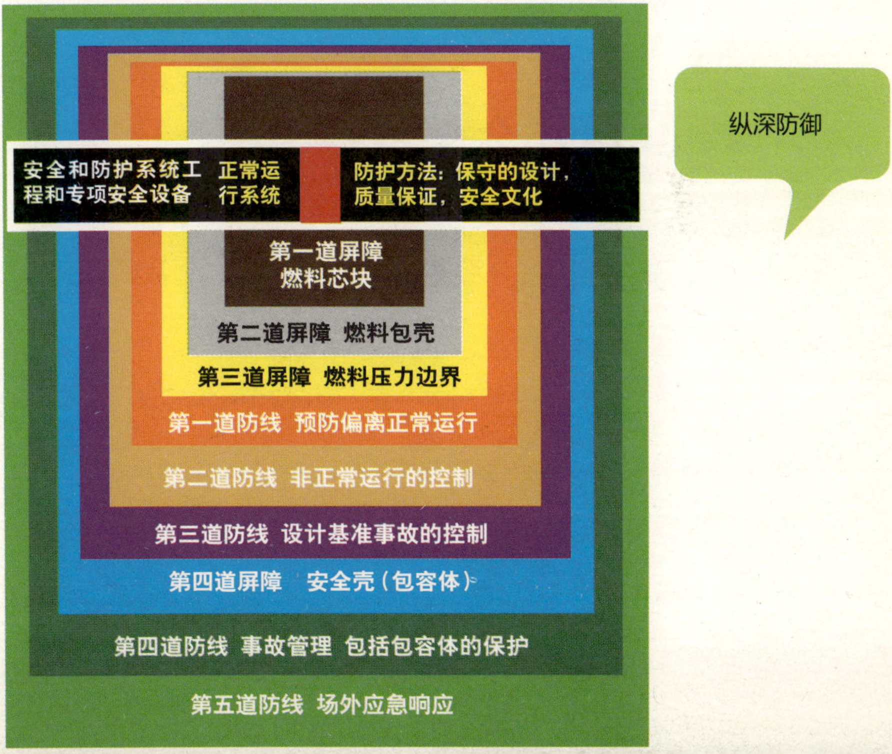

为主的基本方针。

纵深防御是核电厂设计和运行的根本。国际原子能机构发布的《核电厂的基本安全原则》认为：

“实施纵深防御概念是为了对潜在的人为差错和机械故障进行弥补，核心是提供多层保护，包括设置多重屏障以防止放射性物质释人环境。它还包括在这些屏障不能完全奏效时为保护公众和环境免受危害而进一步采取的措施。”

纵深防御可用不同的方法。例如，为防止放射性物质释放，设置燃料、包壳、压力容器、安全壳等屏障；对必然会发生故障的系统，应该配备必要的备用系统，比如失去厂外电源、重要柴油机全部发生故障时，应配备有额外的备用发电系统。

47

核电站会不会发生核爆炸？

不会。

为了回答核电站会不会发生核爆炸这个问题，我们需要了解核电站与原子弹的异同。

核电站与原子弹的相同之处是，两者都以铀 -235 或钚 -239 为燃料或核装料，利用这些核燃料或核装料在中子的轰击下产生的链式反应放出能量。核电站与原子弹的不同之处在于燃料的纯度以及能量释放方式上的差异，而核电站所采用燃料的纯度在根本上就决定了核电站不可能发生核爆炸。

常识告诉我们，啤酒和高度数的白酒都含有乙醇，但啤酒不会燃烧，而高度数的白酒却能燃烧。原子弹采用的是浓缩度为 90% 以上的高纯度核装料，而核电站采用核燃料的浓缩度则要低得多。以压水堆核电站为例，核燃料的浓缩度在 3% 左右。因此，就像啤酒和高度白酒由于在乙醇含量上的差别决定了前者不可能像后者那样燃烧相类似，核电站所采用的核燃料的浓缩度从根本上排除了核电站发生核爆炸的可能性。

那么，在切尔诺贝利核电站事故和日本福岛核电站事故中发生的爆炸是怎么回事呢？在切尔诺贝利事故中发生的是蒸汽和氢气混合气体的爆炸，日本福岛事故中发生的是氢气爆炸，两者都属于化学爆炸，而不是核爆炸。故核电站事故不会发生像原子弹爆炸那样产生冲击波、巨大的热辐射和放射性辐射。

48
日本福岛核电站为什么会发生氢气爆炸？

在正常运行工况条件下，核电站不会发生氢气爆炸。

压水堆和沸水堆核电站的核燃料棒包壳是用锆合金制成的。在高温下，锆与水（冷却剂）会发生锆水化学反应，生成氧化锆和氢气。氢气的浓度达到 4% 时会发生爆炸。

2011 年 3 月 11 日，日本发生了里氏 9.0 级的强烈地震，并伴随产生了非常巨大的海啸。强烈的地震和巨大的海啸使日本福岛核电站失去了厂外电源，并且使应急柴油机不能启动。这使得核燃料棒中持续产生的大量热量难以及时导出，进而导致核燃料棒包壳的温度不断升高，最终导致强烈的锆水反应，由此生成的大量氢气无法及时导出，聚集到一定程度后产生氢气爆炸。

49

核事故时放射性物质是如何释放的？

虽然核电站的反应堆中产生有大量的放射性物质，但在正常情况下，这些放射性物质是不会向环境中释放的，其主要原因是核燃料和裂变产生的放射性物质被密封在锆合金的包壳中，只要包壳不发生破裂，这些放射性物质就不会释放出来。

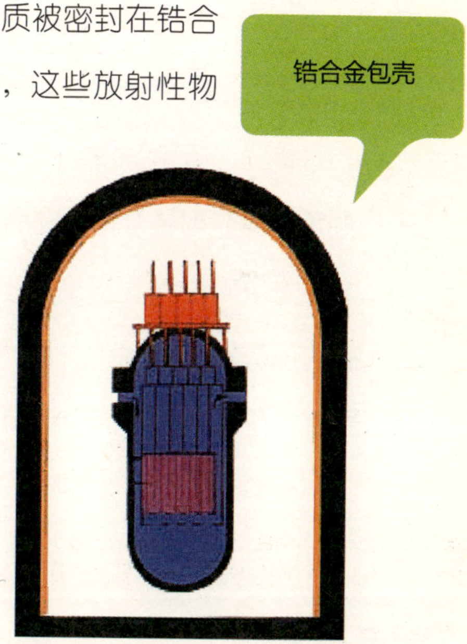

工作人员在给福岛第一核电站的压力容器减压、排放蒸汽时，为什么会有放射性物质释放呢？这主要是由于事故发生后，核电站的电源长时间缺失，水的循环停止，不能将压力容器中的热量及时排出，堆芯中的水不断蒸发而减少，部分燃料棒没有得到水的冷却，温度升高，超过锆合金的熔化温度，从而使包壳破裂，部分放射性物质泄漏出来，当打开减压阀排放蒸汽时，一些受热汽化的放射性物质随蒸汽排出压力容器，向环境中释放。

由于只有部分燃料棒发生熔化，排放蒸汽也是间歇地进行，因此，排放出的放射性物质较少，同时，由于随蒸汽排放的放射性物质只是在低流层中随风向周围扩散，因此，放射性物质对周边的影响范围是有限的，主要取决于风向和风速。

50

发生核事故时，会有哪些类型的辐射照射？

核电站正常运转时是安全的。如果出现核电站不能正常运转的情况，核电站周边的个人、土地和建筑可能会受到反应堆内产生的放射性混合物的照射。对健康具有风险的主要放射性核素为放射性铯和放射性碘。健康风险的严重性取决于核电厂的地理位置，当时的天气情况及泄漏的是什么放射性核素和泄漏量，在受照射地区停留的时间等因素。

公众可以从空气中或者当食品和饮用水受到此类物质污染时，直接接触到此类放射性核素。

救援人员以及核电站现场工作人员因为所从事的专业性活动关系，可能会受到核电站内部或者周围的放射性物质产生的较高辐射剂量的照射。

51

外照射的防护措施有哪些？

外照射防护的三要素为：时间、距离、屏蔽。即减少受照时间，增大与辐射源间的距离，在人与辐射源之间加足够厚的屏蔽材料。

时间防护很容易理解，受到辐射照射的时间越长，人体所接受的剂量就越大，就像在下雪天，人在野外停留的时间越长，落在身上的雪花就越多是一样的道理。因此，为了减少辐射照射，应尽可能地减少受照时间。

距离防护也是容易理解的一种防护措施，离辐射源越远，受照的剂量就越小。

屏蔽防护是在人员与辐射源之间采用某种屏蔽物将射线吸收，从而减少到达人体的射线量，实现减少人员受照剂量的目的。对于不同的辐射类型，采用的屏蔽材料也不同，对于 x 射线和 γ 射线，通常采用原子序数较大、比重较大的材料作为屏蔽物，如铅、钢铁、混凝土等，而对 β 射线，则采用原子序数小、比重小的材料作为屏蔽物，如铝或塑料等。

52

内照射的辐射防护措施有哪些?

内照射防护的基本原则是防止或减少放射性物质进入体内，对于放射性核素可能进入体内的所有途径都要予以防范。

内照射的防护措施

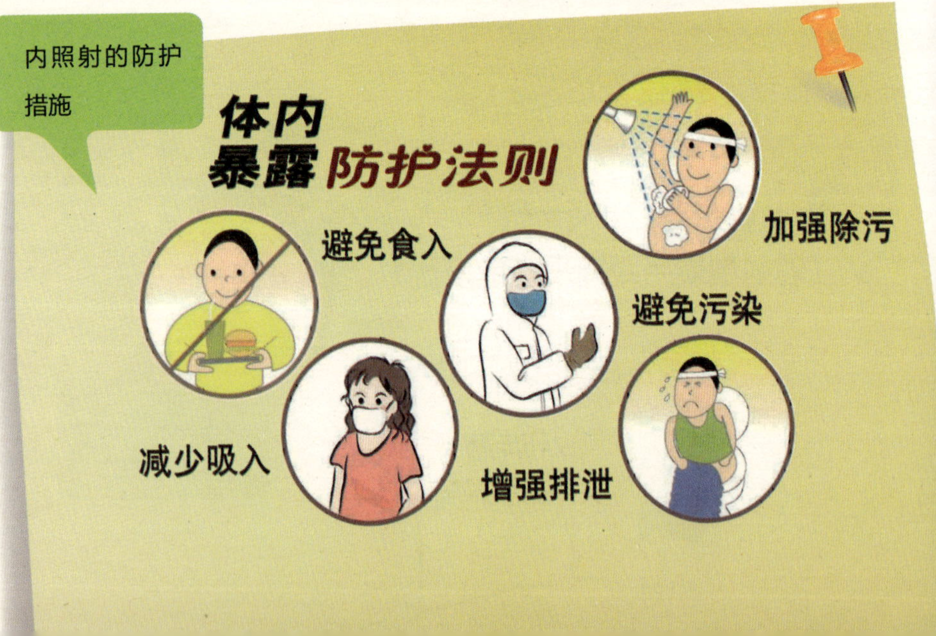

放射性物质一旦进入人体内部被人体吸收后，根据放射性核素的性质不同，它们将沉积在人体的不同组织和器官之中，如碘 -131 主要沉积在甲状腺，铯 -137 则主要沉积在肌肉组织中。随着人体的代谢过程，有些核素会较快地从体内排出，则对人体的照射时间较短，而有些核素却很难从体内排出，将长时间在体内造成照射。

对进入人体内的放射性物质，有些可以通过服用促排药，加快放射性物质向体外排出，但效果不是很明显。因此，对内照射的防护，最重要的措施是切断放射性物质进入人体的途径，防止放射性物质经吸入、食入、皮肤黏膜和伤口等途径进入人体内部，或尽量减少放射性物质被人体吸收。

53

核事故应急计划区是如何划分的?

应急计划区是根据核设施的风险大小和周围的具体条件而划分的，其目的是为了在事故发生时能及时、有效地采取保护公众的防护行动。

针对辐射照射的途径，应急计划区分为两种：

烟羽应急计划区：主要针对大气释放情况下对烟羽照射途径的防护而确定的。烟羽应急计划区一般又可分为内、外两区，在内区要做好撤离的准备，而外区只需做好隐蔽的准备。

食入应急计划区：主要是针对食物链产生的内照射途径的防护而确定的。

54 应急计划区的大小如何确定？

应急计划区的大小是根据使得在计划区以外的公众剂量不会超过相应的干预水平的原则来确定的。对烟羽计划区来说，是要使在烟羽计划区外，在各种设计基准事故和大部分严重事故通过烟羽照射途径所产生的公众剂量不会超过规定的隐蔽和服碘干预水平。在食入计划区外，有各种设计基准事故和大部分严重事故所造成的食物或饮用水的污染水平一般不会超过相应的通用行动水平。

对我国的压水堆核电站，建议的应急计划区为：

（1）烟羽应急计划区以反应堆为中心，7 ~ 10 千米为半径，其中内区半径可为 3 ~ 5 千米。

（2）食入计划区以反应堆为中心，30 ~ 50 千米。

（3）当建造较低功率的核电站时，可采用上述计划区的下界值，但必须经过论证。

作为示例，下面给出了田湾核电站烟羽应急计划区的示意图。

55

核事故的辐射照射对健康造成的急性影响有哪些？

当辐射剂量超过一定的阈值时，就可能产生急性影响，比如皮肤红斑、脱发、放射性皮肤损伤以及急性放射病。

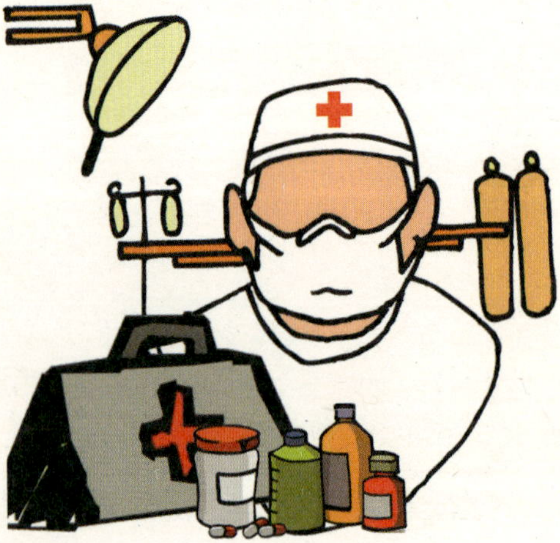

当发生核电站核事故时，救援人员、初始响应人员以及核电站工作人员有可能受到高剂量的辐射并带来急性影响；其他普通公众受到此类高剂量照射的可能性是微乎其微的。

56

核事故的辐射照射预计可带来哪些长期影响？

受到电离辐射照射可能会增加患癌症的风险。通过对日本原子弹爆炸幸存者、接受放射诊疗的病人、职业受照人群以及切尔诺贝利核事故受照人群的辐射流行病学研究表明，在全身辐射剂量低于 100 毫希沃特时，未发现明显的辐射致癌效应。

在对日本原子弹爆炸幸存者的调查研究表明，在遭受辐射后数年里，患白血病的风险增加，在 10 年后患癌症的风险增加。

在核电厂核事故情况下，如果放射性碘沉积在甲状腺中，它会导致甲状腺局部剂量效应，而不是全身效应。

切尔诺贝利核事故的最大影响之一就是心理影响。这主要是缺乏风险沟通机制所导致的。因此，在核应急状态下，建立一个良好的公众交流机制非常重要。

57

核事故时应采取哪些最重要的公共卫生行动？

只有人们受到了辐射照射，才可能会产生健康影响。因此，人们可能采取的主要防护行动就是预防照射。离辐射源最近的

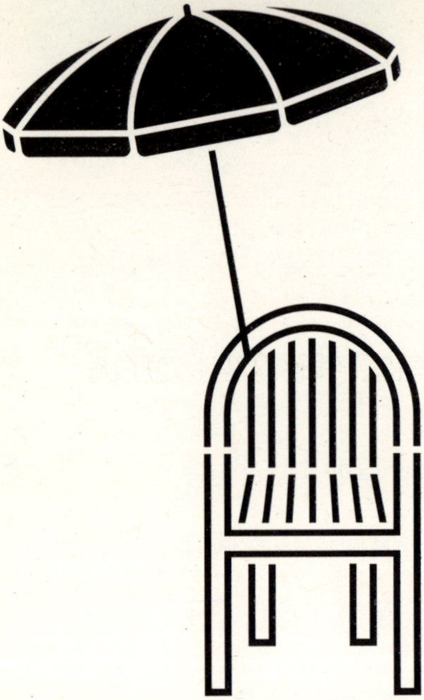

人们面临最高的照射风险，距离越远，风险越低。这就是当发生核事故时，为何建议采取的公共卫生行动涉及事故地点附近人员的撤离（疏散）和隐蔽。

这些必要采取的行动取决于估计会受到的照射状况，即释放到大气中的放射性核素的活度以及当时的气象条件，比如刮风及下雨等。可采取的行动主要有：在核电站近处或者其周边地区实施撤离；建议人们在自己家房屋内、办公室、其他安全建筑物或者指定的避难所内隐蔽，以减少照射；提供碘化钾药片供人们服用，以降低罹患甲状腺癌的风险。

如有必要，公共卫生部门或国家有关行政主管部门可能会限制或者禁止食用核电站周边生产的蔬菜、奶制品和其他食品，以减少辐射照射。

只有那些对出现的紧急情况进行了认真分析的应急主管部门，才有资格对需要采取何种公共卫生措施提出建议，公众不必听信政府以外的信息。

58

如何处理核事故引起的心理压力？

核事故发生后，可能使一些人心灵受到创伤，引起无助感、焦虑、愤怒甚至攻击行为。以下的方法有助于缓解这些压力症状：

◆ 尽可能维持正常的生活程序；

◆ 吃健康的食物；

◆ 不要忘记进食，切勿暴饮暴食，常做运动及保持活跃；

◆ 参加各类社区活动，使生活充实；

◆ 接受家人、朋友或同事的帮助，与他们交流你的感受；

◆ 不要过度收看／收听有关事故的报道。

心理压力出现后，有些人将需要一段时间，才会好转和恢复正常生活，所以要给自己一些时间。如果你有怀疑或出现以下情况时，需要向专业医务人员寻求协助：

◆ 无法照顾自己或你的孩子；

◆ 无法正常工作；

◆ 使用酒精、药物或毒品，以摆脱自己的问题；

◆ 感到伤心或沮丧多于两个星期。

59

我国核事故应急状态的分级有哪些?

应急状态是指“需要立即采取某些超出正常工作程序的行动，以避免事故的发生或减轻事故后果的情况”。为了便于对应急情况的管理，常常需要根据核设施的类型和规模，特别是危险和紧急的程度，把核电厂的应急情况分为以下四级：

◆应急待命。核电厂的相关人员得到通知，进入准备应急的状态。

◆厂房应急（应急状态的影响范围只限于核电厂的部分区域）。厂内相关人员行动起来，并通知厂区外的有关机构。

◆场区应急（应急状态的影响范围限于核电厂的场区内）。场区内人员行动起来，并通知场外有关机构，场外的一些机构也可以行动起来。

◆场外应急（应急状态的影响范围已超出场区边界）。执行整个场内、场外应急计划。

60

我国的核事故应急组织体系

我国的核事故应急工作实行国家、地方和核电厂三级管理体系，由国防科学技术委员会牵头，在国务院设立国家核事故

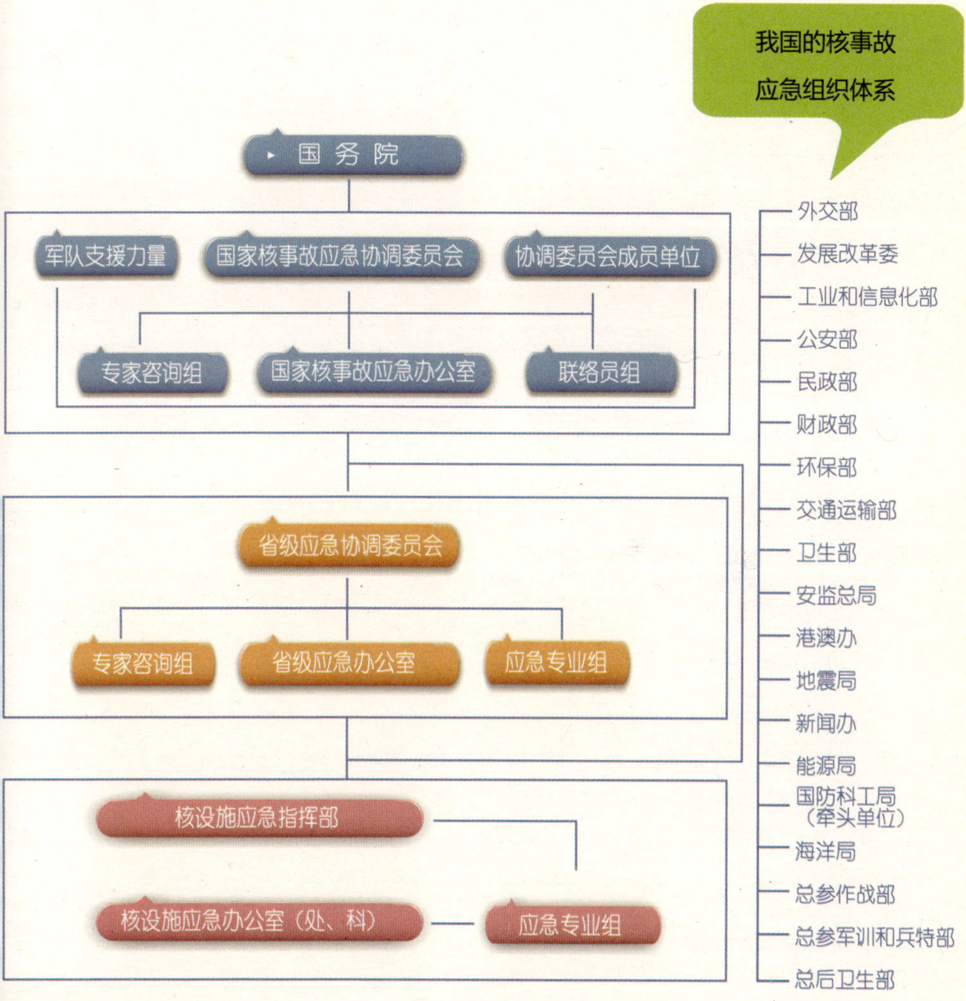

应急协调委员会，核电厂所在省（自治区、直辖市）人民政府设立地方核事故应急委员会，核电厂营运单位设立应急指挥部，分别负责全国、本地区和本单位的核事故应急管理工作。应急体系的响应级别为四级，分别为应急待命、厂房应急、场区应急和场外应急（总体应急）。

应急响应时由国家核事故应急协调委员会适时批准进入和终止场外应急状态。

61

公众可以从哪里获得相关信息？

中华人民共和国国际原子能机构　http://www.caea.gov.cn/

中华人民共和国环境保护部　http://www.mep.gov.cn

中华人民共和国国家核安全局 http://nnsa.mep.gov.cn/

中华人民共和国卫生部　http://www.moh.gov.cn

中国核能行业协会　http://www.china-nea.cn

国际原子能机构　http://www.iaea.org

世界卫生组织　http://www.who.int

第三部分

你应该了解的常识

NIYINGGAI LIAOJIE DE CHANGSHI

国际原子能机
总部大楼

62

国际原子能机构

国际原子能机构（IAEA）是国际原子能领域的政府间科学技术合作组织，于 1957 年成立，其宗旨是加速扩大原子能对全世界和平、健康和繁荣的贡献。国际原子能机构设有一个事件和应急中心。该中心是全球核应急准备、事件报告以及核和辐射事件与紧急情况响应的协调和联络中心，在应对核和辐射事件方面向成员国提供 24 小时不间断援助服务。

63

中国国家原子能机构

中国于 1984 年加入国际原子能机构，是该机构理事会的指定理事国。作为中国核行业的政府主管部门，中国国家原子能机构主要负责：研究和拟定我国和平利用原子能事业的政策和法规；研究制定我国和平利用原子能事业的发展规划、计划和行业标准；我国和平利用核能重大科研项目的组织论证、立项审批，监督、协调重大核能科研项目的执行；实施核材料管制，实施核出口审查和管理；核领域政府间及国际组织间交流与合作，代表中国政府参加国际原子能机构及其活动；牵头组织国家核事故协调委员会，研究制定国家核事故应急计划并组织实施等。

64

当受到放射性污染后，应当做什么?

如果你受到放射性污染之后来到室内，请在门口脱掉衣服，以免对你的住所或者避难处进一步造成污染。

脱掉衣服和鞋子，将其放在塑料袋内。

将袋子封起来并放在安全的地方，使其远离生活区、儿童和宠物。

把可能受到污染的衣物换掉，放入密封袋中，交给主管机构处理。

不要食用暴露于辐射污染区内的食品及饮用水，以免造成体内污染。

以淋浴方式冲澡，可有效清除身上可能带有辐射的尘土。

用温水和肥皂淋浴。

通知行政主管部门，你可能有污染过的衣物和个人用品需要按照公认的国家标准进行适当处置和销毁。

65

当需要隐蔽时应注意什么？

当发生核事故时，行政主管部门可能会责令受影响地区的居民留在室内，而不是实施撤离。

你可能被告知在住所、工作地点或者公共避难场所进行隐蔽。实施隐蔽可以保护人们避免遭受外照射或吸入放射性物质。

如果你被告知留在室内，那么你应当在家中或办公楼内找到最为安全的房间：在可能时，找到一间没有窗户且对外不设门的房间，应当关闭通风系统，比如关闭家中的空调系统。

气温在零度以下时，要注意保暖。如果你被要求在住所、办公室或者其他的建筑内隐蔽，通过燃烧燃料（比如天然气、煤炭或者木材）来取暖可能不够安全。在没有适当通风的房间里，这样做可能会造成一氧化碳中毒。如有可能，电热方式较为安全。

66

为什么有时需要撤离或搬迁？

撤离指将人们从受影响区域紧急转移，以避免或减少来自烟羽或高水平放射性沉积物质产生的高照射剂量。该措施为短期措施，在正常情况下，在经过一定时间后可返回原居住地区。

搬迁指人们从受污染地区迁出，以避免或减少地面沉积外照射的长期累积剂量。其返回原地区的时间为几个月或1～2年，或难以预计而不予考虑返回。它与撤离的区别，主要是采取行动的时间长短不一。如果照射量率没有高到需要迅速撤离，但长时间照射的累积剂量又较大，此时可能需要有控制地将人群从污染地区搬迁。搬迁可避免人们受已沉积的放射性物质的长时间照射。

67

一旦遭受轻微的核辐射，有没有药物可以治疗或减少对身体的损伤？

能预防或减轻放射损伤的药物称为辐射防护剂、抗辐射药、抗放药。辐射防护药物包括外照射损伤防护药物和内污染损伤防护药物。内污染防护药物或措施，又分为阻吸收、促排药物。针对不同种类放射性核素，有不同的促排药物。放射性碘如碘 –131 防护药物有碘化钾，阻止铯 –137 在肠道吸收的药物有普鲁士蓝等。由于辐射防护药物的用药有很强的专业性，如用药的指证、最佳时间、药量等，因此必须在专业人员的指导下服用，公众不得滥用。

对公众而言，在核事故发生后，仅有碘化钾的服用是作为紧急防护行动的一个手段，但必须是在接到公共卫生行政主管部门的明确指示后方可服用。擅自服用碘化钾、含碘代用品或其他“防辐射药”，有百害而无一利。

68

如何正确认识碘化钾的作用？

碘化钾是一种化合物，可提供稳定性（即没有放射性）碘。甲状腺需要利用碘来产生甲状腺激素。体内存有适量的稳定性碘，可阻止甲状腺对放射性碘的吸收，可降低受到放射性碘照射后罹患甲状腺癌的风险。

碘化钾并非“万能辐射解毒剂”，既无助于对外照射或者对除放射性碘之外的任何放射性物质（例如放射性铯）的防护，也不能阻止放射性碘进入体内，仅能预防吸入或食入放射性碘对甲状腺的内照射，而其他防护措施（例如撤离、隐蔽、食品控制、农业防护对策）可防护大多数放射性核素和外照射。最理想的响应是这些对策的结合应用。

69

何时需要服用碘化钾药片？

仅在公共卫生行政主管部门专业分析紧急事态后，发布明确指示或建议的情况下，你才应当服用碘化钾。

70

碘化钾有什么作用?

如果你存有危险或者已经受到了放射性碘的照射，可以给予碘化钾，以避免甲状腺吸收放射性碘。

从长远来看，在受到照射之前或者受到照射之后不久服用时，才可以降低患甲状腺癌的风险。

71

服用碘盐能避免遭受辐射吗?

不能。

不应当通过服用碘盐来避免辐射。为了增加体内稳定性碘的数量，大量服用碘盐是危险的。

增加每日碘盐摄入量弊大于利。碘盐的主要成分是氯化钠，它与高血压及其他医学病症相关。碘盐中的碘含量过低，不能借以防止放射性碘的吸收。

大量服用氯化钠会有急性毒性：在短时间内即便反复使用汤匙数量的盐也可引起中毒。

72

我能服用其他类型的含碘产品吗？

不能。

你不应当服用含碘的产品，除非公共卫生行政主管部门建议服用的药物。

碘可见于多种家用和工业产品中。比如，在一些消毒剂、防腐剂和水消毒液中可见到碘。这些产品不应作为碘化钾药片的替代品服用，因为此类产品含有其他成分，食用后可能有害。

73

孕妇可以服用碘化钾药片吗？

可以。

按照公共卫生行政主管部门提供的指导，大部分孕妇可以服用碘化钾药片。碘化钾可穿过胎盘，对发育中的胎儿甲状腺以及母亲带来保护。

74

在碘化钾方面，针对母乳喂养妇女有何建议？

与其他人一样，母乳喂养妇女只有在得到公共卫生行政主管部门的建议时，才应服用碘化钾药片。但是，这尚不足以对接受母乳喂养的儿童带来全面保护，而儿童也有碘化钾的需求，需针对新生儿和婴儿调整制备特殊剂型。

在这种情况下，可以继续进行母乳喂养。

75

核事故的辐射对胎儿有什么影响？

辐射照射诱发的畸形主要发生在主要器官形成期（妊娠第3～7周）的一定阶段，某些特殊畸形的敏感性明显增加。根据动物数据判断，对于诱发畸形，存在着一个约为100毫希沃特的真实的剂量阈。

妊娠第8～25周时，辐射可使胎儿出现大脑损伤的风险。

研究表明，在妊娠第8～15周时受到超过100毫希沃特以及在第

16 ~ 25 周时受到超过 200 毫希沃特的急性辐射之后，就会造成胎儿脑损伤。在 8 ~ 25 周以外时，研究并未证实辐射会对胎儿的大脑带来影响。

胎儿遭受辐射后会增加儿童期罹患癌症的风险。有研究表明，辐射量超过 100 毫希沃特时才会产生这种结果。

76

辐射污染可从水中去除吗?

规范的水处理工艺可去除大量放射性污染物。其他可选方案包括用没有受到污染的水对污染过的水进行稀释等。

将水烧开不能将放射性碘去除。

77

辐射是否会在人与人之间传递？

不会。

除非人们曾到过核事故现场附近，否则接触到辐射的机会很小。如果沾到微量的辐射污染物，只要更换衣物，并以水和普通肥皂洗擦身体就可以清除。

78

食品被污染的途径有哪些？

发生核事故后，食品可受到所释放出的放射性物质的污染。在这种情况下，从空气中落下或者雨水（降雪）带下的放射性物质，可沉积到像水果和蔬菜等食物的表面或者动物饲料中。

此外，随着时间的推移，放射性还有可能在食品中增强，这是由于放射性核素通过土壤转移到了农作物或者动物体内。

放射性物质也可能被冲入河流、湖泊和大海，在这些地方，鱼类、贝类和其他海产品可能会吸收放射性核素。

风险的严重程度取决于放射性核素的混合状况以及所释放的污染物数量。

包装好的食品不可能受到放射性污染，例如，罐装食品或者塑料包装食品，不会受到放射性污染。

79

在国际贸易方面，有无食品放射性方面的规定？

发生核事故后，对国际贸易食品的放射性核素含量具有国际商定的法典指导值（GLs）。该指导值由联合国粮农组织／世界卫生组织联合食品法典委员会发布。采用这些指导值，既可提供足够的安全性空间，又可以尽可能地减少国际贸易不必要的中断，也有助于保护受影响的农牧渔业和其他相关方的利益。

该指导值规定，“就食品消费者的一般性辐射防护而言，当食品中放射性核素的含量不超过相应的指导值时，人类对食品的食用应该被视为是安全的。当超过了该指导值时，各国政府应作出决定，是否应允许并且在何种情况下允许该食品在其领土或者管辖范围之内销售。当获得该指导值与食品销售有关的一些假设可能不适用时，例如，当发生大范围放射性污染时，各国政府就可能采用在其领土内部使用的数值。对于摄入量很小的食物，如香料，所占总膳食的比例很小，因而对总剂量的附加值很小，这时的指导值可提高10倍”。

80

遇有突发核事件的情况下，可向食品消费者和生产者提出哪些一般性建议？

对核事故所作出的应对措施与食品受到其他有害物质污染的突发事件的应对措施应当是一致的。在出现突发事件的早期，应及时采取行动，预防或者尽量减少放射性物质对食品造成的

污染。同时应该做到以下几点：

◆保护露天储存的食品及动物饲料，盖上塑料片或者防渗防水油布；

◆关闭温室的通风系统，保护生长中的蔬菜；

◆将牧场的牲畜转移到圈内；

◆在有辐射性微尘记录之前，收割成熟作物并遮盖起来；

◆出现辐射性微尘后请不要收割，等待污染情况得到登记后发出的进一步指示。

在确认受到严重污染的地方，需要考虑采取多种其他方面的短期、中期和长期行动，比如：

◆避免食用本地生产的牛奶或者蔬菜；

◆避免屠宰动物；

◆避免食用及收获水产品和海产品（包括鱼类、贝类和藻类）；

◆避免打猎、采集蘑菇及其他野生食品。

81

核事故发生地的所有食品都会受到影响吗?

不，并不是所有食物都会受到影响。

在突发情况出现之前就曾发货或者完成商业包装的食品就不会受到影响。但是，在放射性物质出现沉降的地区生产的某些食品可能遭受污染。

对遭受核事故放射性污染地区的食品和食品生产造成的影响，取决于食品生长或者生产地点存在或者沉淀下来的放射性核素的类别和放射性剂量。

82

食用了受污染食品可能造成哪些健康影响?

食用受放射性物质污染的食物会增加个人受到照射的辐射剂量，也会增加与照射相关的健康风险。造成的确切影响取决于所摄入的放射性核素类别以及摄入量。

放射性碘的半衰期为 8 天，在数周内自然衰变。一旦食入，可在体内沉积，主要是在甲状腺，这会增加患甲状腺癌的风险，儿童更是如此。

由于摄入了受到放射性铯污染的食品可能会带来长期健康影响，因此需要对出现的情况进行仔细监控。

83

如果检测出蔬菜有放射性，就不能食用吗？

不是。

随着科学技术水平的提高，辐射测量仪器的灵敏度和准确度越来越高，以前的设备检测不出来的极低水平的放射性现在也能测出。日本福岛核电厂事故后，我国检测出蔬菜中的碘 -131 是未用水冲洗就直接测量的，是空气中的碘在叶子上的沉积，并未被蔬菜吸收，因此冲洗后就检测不出碘 -131。没有核事故时，蔬菜、水、空气中也能测出极微量的天然放射性，人类一直以来都在摄入这些有极微量天然放射性的水、蔬菜等。